Siri Matematik BurujKids

BurujKids Maths Series

HAFALAN SIFIR MUDAH /

SIMPLE TIMES TABLE MEMORIZATION

(Terdapat dalam dwi-bahasa / *Available in bilingual*)

PARTRIDGE PUBLISHING SINGAPORE

2019

Illustrated by Nurul Wahidah Idris & Hazlina Hussain

ISBN
978-1-5437-5079-9 (sc)
978-1-5437-5081-2 (hc)
978-1-5437-5080-5 (e)

Library of Congress Control Number: 2019909758

Print information available on the last page.

To order additional copies of this book, contact
Toll Free 800 101 2657 (Singapore)
Toll Free 1 800 81 7340 (Malaysia)
www.partridgepublishing.com/singapore
orders.singapore@partridgepublishing.com

01/16/2020

PARTRIDGE

KANDUNGAN / TABLE OF CONTENTS

Stail Satu Satu Sifar (110) / *One-One-Zero Style (110)*

(Tangan Kanan / Right Hand)

| 0 | 1 |

| 2 | 3 |

| 4 | 5 |

6	7

8	9

10 (Tangan Kanan / Right Hand)	10 (Tangan Kiri / Left Hand)

Stail Satu Satu Sifar (110) / One One Zero Style (110)

(Tangan Kiri / Left hand)

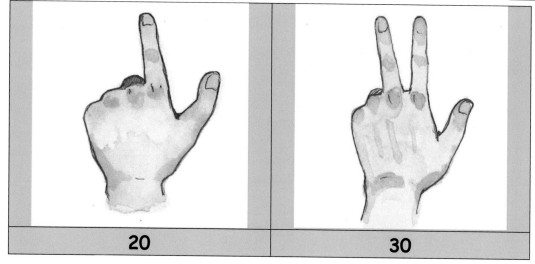

20	30

40	50

60	70

80

90

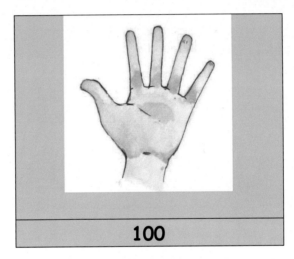

100

Contoh Stail Satu Satu Sifar / One One Zero Style example

(Guna tangan Kanan & Kiri / Using Right & Left hands)

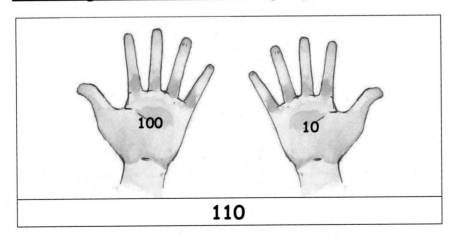

100   10

110

Penerangan untuk Stail Satu Satu Sifar /

Explanation on the One-One-Zero Style

Sifir / Times	Menggunakan kedua-dua tangan / Using both hands	
	Tangan kiri / Left hand	Tangan kanan / Right hand
1	-	+ 1 jari / + 1 finger
2	-	+ 2 jari / + 2 fingers
5	-	+ 5 jari / + 5 fingers
10	+ 1 jari / + 1 finger	-
11	+ 1 jari / + 1 finger	+ 1 jari / + 1 finger
12	+ 1 jari / + 1 finger	+ 2 jari / + 2 fingers

Sifir / Times	Tangan kanan sahaja / Using right hand only
9	- 1 jari / - 1 finger
8	- 2 jari / - 2 fingers
6	+ 1 jari & terbalikkan tangan / + 1 finger & turn hand
7	+ 2 jari & terbalikkan tangan / + 2 fingers & turn hand
4	- 1 jari & terbalikkan tangan / - 1 finger & turn hand
3	- 2 jari & terbalikkan tangan / - 2 fingers & turn hand

Ada beberapa peraturan apabila menggunakan **tangan kanan sahaja**… / *There are a few rules to follow when using **only the right hand**…*

1. Apabila bilangan jari berkurangan, tambahkan satu nilai puluh / *When the number of fingers is decreasing, add one tens.*

2. Apabila bilangan jari bertambah, tetap pada nilai puluh yang sama / *When the number of fingers is increasing, stick to the same tens.*

3. Apabila bilangan jari menjadi sifar, tukarkan kepada nilai sepuluh di tangan kanan / *When the number of fingers become zero, change to ten on right hand.*

Penerangan untuk kod warna Jadual Sifir /

Explanation on the colour coding for the Times Table

Selain dari menghafal menggunakan jari, anda juga boleh menghafal menggunakan kod warna pada Jadual Sifir...

Besides memorizing using fingers, you can also memorize using colour coding in the Times Tables...

Nombor ganjil: tulisan hitam	Sifar & nombor genap: tulisan putih
Odd numbers: in black font	Zero & even numbers: in white font

Nombor putih (sa) x nombor putih (sa) = nombor putih (sa)
Nombor putih (sa) x nombor hitam (sa) = nombor putih (sa)
Nombor hitam (sa) x nombor hitam (sa) = nombor hitam (sa)

White number (ones) x white number (ones) = white number (ones)
White number (ones) x black number (ones) = white number (ones)
Black number (ones) x black number (ones) = black number (ones)

Sifar di hadapan nombor 1 hingga 9 tiada nilai.
Sifar di belakang nombor 1 hingga 9 mempunyai nilai.

Zero in front of number 1 until 9 has no values.
Zero behind the number 1 until 9 has values.

Kod warna hampir mengikut turutan warna dalam pelangi:

Colour coding almost following the sequence in the rainbow:

0 - *white font, black box*

1 - *black font, pink box*

2 - *white font, red box*

3 - *black font, yellow box*

4 - *white font, orange box*

5 - *black font, light green box*

6 - *white font, bright green box*

7 - *black font, light blue box*

8 - *white font, bright blue box*

9 - *black font, light purple box*

| 0 |
| 1 |
| 2 |
| 3 |
| 4 |
| 5 |
| 6 |
| 7 |
| 8 |
| 9 |

Sifir 1 / Times 1

(mengikut kotak berwarna kuning di muka surat 1 hingga 2 / following yellow boxes on page 1 to 2)

Sifir 1 adalah yang paling senang.

Times 1 is the easiest.

1

Cuma senaraikan ini.

Just list down these.

2

Kemudian, tuliskan ini.

Then, write down these.

1	×	1	=	
2	×	1	=	
3	×	1	=	
4	×	1	=	
5	×	1	=	
6	×	1	=	
7	×	1	=	
8	×	1	=	
9	×	1	=	
10	×	1	=	
11	×	1	=	
12	×	1	=	

1
2
3
4
5
6
7
8
9
10
11
12

Ini adalah Sifir 1 mengikut kod warna.

This is the Times 1 according to the colour coding.

0	1	×	0	1	=	0	0	1
0	2	×	0	1	=	0	0	2
0	3	×	0	1	=	0	0	3
0	4	×	0	1	=	0	0	4
0	5	×	0	1	=	0	0	5
0	6	×	0	1	=	0	0	6
0	7	×	0	1	=	0	0	7
0	8	×	0	1	=	0	0	8
0	9	×	0	1	=	0	0	9
1	0	×	0	1	=	0	1	0
1	1	×	0	1	=	0	1	1
1	2	×	0	1	=	0	1	2

Sekarang, kita sudah menghafal setakat ini (petak berwarna) …

Now, we have memorized these so far (coloured boxes) …

1	2	3	4	5	6	7	8	9	10	11	12
2	4	6	8	10	12	14	16	18	20	22	24
3	6	9	12	15	18	21	24	27	30	33	36
4	8	12	16	20	24	28	32	36	40	44	48
5	10	15	20	25	30	35	40	45	50	55	60
6	12	18	24	30	36	42	48	54	60	66	72
7	14	21	28	35	42	49	56	63	70	77	84
8	16	24	32	40	48	56	64	72	80	88	96
9	18	27	36	45	54	63	72	81	90	99	108
10	20	30	40	50	60	70	80	90	100	110	120
11	22	33	44	55	66	77	88	99	110	121	132
12	24	36	48	60	72	84	96	108	120	132	144

✔ DONE 👍

UNIT 4	**<u>SIFIR 10 / TIMES 10</u>**

<u>(mengikut kotak berwarna biru di muka surat 2 hingga 4 / following blue boxes on page 2 to 4)</u>

1. Tuliskan nombor 1 hingga 10.

   Write down numbers 1 until 10.

2. Tambahkan sifar (0) di penghujung setiap nombor.

   Add zero (0) at the end of each number.

3. Kemudian, tuliskan ini.

   Then, write down these.

1	×	10	=		1 0	
2	×	10	=		2 0	
3	×	10	=		3 0	
4	×	10	=		4 0	
5	×	10	=		5 0	
6	×	10	=		6 0	
7	×	10	=		7 0	
8	×	10	=		8 0	
9	×	10	=		9 0	
10	×	10	=		10 0	
11	×	10	=		11 0	
12	×	10	=		12 0	

Ini adalah Sifir 10 mengikut kod warna.

This is the Times 10 according to the colour coding.

0	1	×	1	0	=	0	1	0
0	2	×	1	0	=	0	2	0
0	3	×	1	0	=	0	3	0
0	4	×	1	0	=	0	4	0
0	5	×	1	0	=	0	5	0
0	6	×	1	0	=	0	6	0
0	7	×	1	0	=	0	7	0
0	8	×	1	0	=	0	8	0
0	9	×	1	0	=	0	9	0
1	0	×	1	0	=	1	0	0
1	1	×	1	0	=	1	1	0
1	2	×	1	0	=	1	2	0

Sekarang, kita sudah menghafal setakat ini (petak berwarna) ...

Now, we have memorized these so far (coloured boxes) ...

1	2	3	4	5	6	7	8	9	10	11	12
2	4	6	8	10	12	14	16	18	20	22	24
3	6	9	12	15	18	21	24	27	30	33	36
4	8	12	16	20	24	28	32	36	40	44	48
5	10	15	20	25	30	35	40	45	50	55	60
6	12	18	24	30	36	42	48	54	60	66	72
7	14	21	28	35	42	49	56	63	70	77	84
8	16	24	32	40	48	56	64	72	80	88	96
9	18	27	36	45	54	63	72	81	90	99	108
10	20	30	40	50	60	70	80	90	100	110	120
11	22	33	44	55	66	77	88	99	110	121	132
12	24	36	48	60	72	84	96	108	120	132	144

 DONE

STAIL SIFIR 5 / TIMES 5 STYLE

(gunakan tangan kanan dan kiri /use right and left hands)

(tangan kanan: + 5 jari;
bila capai nilai 10 di tangan kanan, ganti dengan
tangan kiri: +1 jari & tangan kanan = 0 /

left hand: + 5 fingers;
when counts reach 10 on right hand, substitute with
left hand: + 1 finger & right hand = 0)

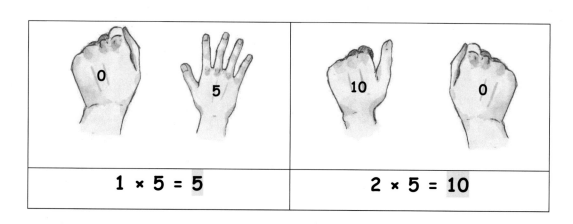

1 × 5 = 5

2 × 5 = 10

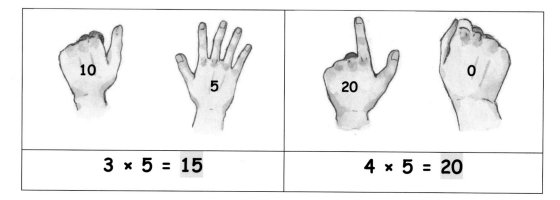

3 × 5 = 15

4 × 5 = 20

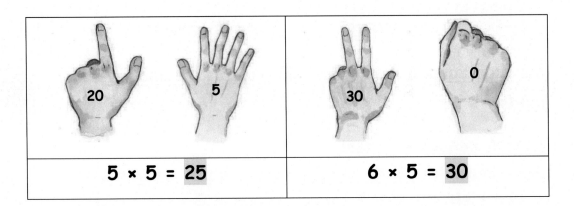

5 × 5 = 25

6 × 5 = 30

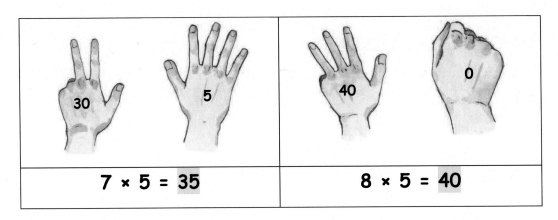

7 × 5 = 35

8 × 5 = 40

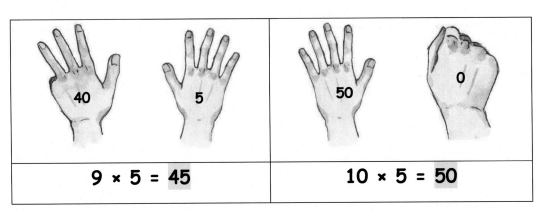

9 × 5 = 45

10 × 5 = 50

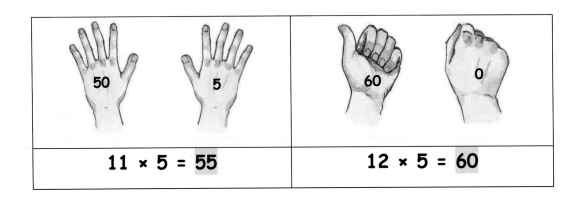

11 × 5 = 55

12 × 5 = 60

Ini adalah Sifir 5 mengikut kod warna.

This is the Times 5 according to the colour coding.

0	1	×	0	5	=	0	0	5
0	2	×	0	5	=	0	1	0
0	3	×	0	5	=	0	1	5
0	4	×	0	5	=	0	2	0
0	5	×	0	5	=	0	2	5
0	6	×	0	5	=	0	3	0
0	7	×	0	5	=	0	3	5
0	8	×	0	5	=	0	4	0
0	9	×	0	5	=	0	4	5
1	0	×	0	5	=	0	5	0
1	1	×	0	5	=	0	5	5
1	2	×	0	5	=	0	6	0

Sekarang, kita sudah menghafal setakat ini (petak berwarna) ...

Now, we have memorized these so far (coloured boxes) ...

1	2	3	4	5	6	7	8	9	10	11	12
2	4	6	8	10	12	14	16	18	20	22	24
3	6	9	12	15	18	21	24	27	30	33	36
4	8	12	16	20	24	28	32	36	40	44	48
5	10	15	20	25	30	35	40	45	50	55	60
6	12	18	24	30	36	42	48	54	60	66	72
7	14	21	28	35	42	49	56	63	70	77	84
8	16	24	32	40	48	56	64	72	80	88	96
9	18	27	36	45	54	63	72	81	90	99	108
10	20	30	40	50	60	70	80	90	100	110	120
11	22	33	44	55	66	77	88	99	110	121	132
12	24	36	48	60	72	84	96	108	120	132	144

DONE

STAIL SIFIR 11 / TIMES 11 STYLE

(gunakan tangan kanan dan kiri /use right and left hands)

(tangan kiri: + 1 jari, tangan kanan: + 1 jari / left hand: + 1 finger, right hand: + 1 finger)

Scan me

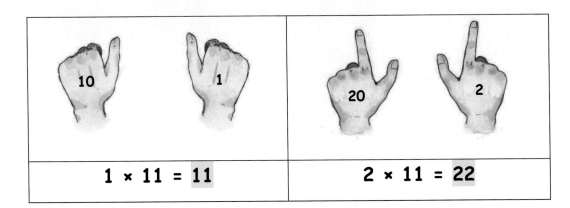

1 × 11 = 11   2 × 11 = 22

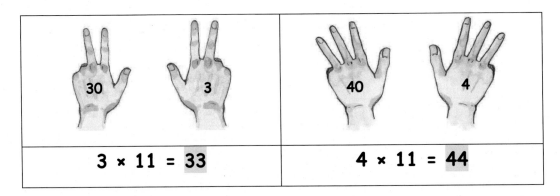

3 × 11 = 33   4 × 11 = 44

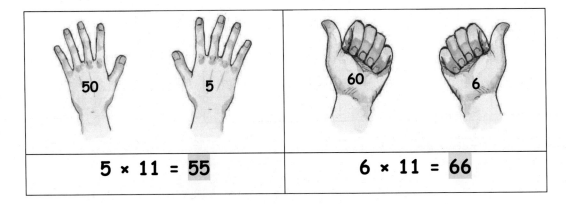

5 × 11 = 55   6 × 11 = 66

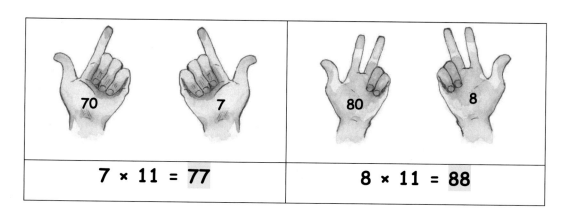

| 7 × 11 = **77** | 8 × 11 = **88** |

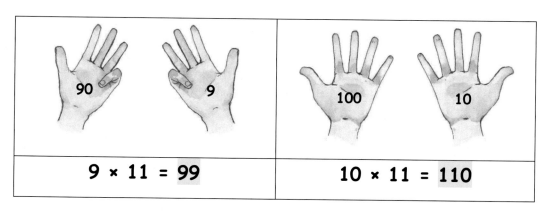

| 9 × 11 = **99** | 10 × 11 = **110** |

Selepas kiraan 110, anda perlu menggunakan satu kali tangan kiri dan dua kali tangan kanan:

After any count more than 110, you ought to use one time of left hand and two times of right hand:

Left hand		
Right hand		
	11 × 11 = 121	12 × 11 = 132

Ini adalah Sifir 11 mengikut kod warna.

This is the Times 11 according to the colour coding.

0	1	×	1	1	=	0	1	1
0	2	×	1	1	=	0	2	2
0	3	×	1	1	=	0	3	3
0	4	×	1	1	=	0	4	4
0	5	×	1	1	=	0	5	5
0	6	×	1	1	=	0	6	6
0	7	×	1	1	=	0	7	7
0	8	×	1	1	=	0	8	8
0	9	×	1	1	=	0	9	9
1	0	×	1	1	=	1	1	0
1	1	×	1	1	=	1	2	1
1	2	×	1	1	=	1	3	2

Sekarang, kita sudah menghafal setakat ini (petak berwarna) ...

Now, we have memorized these so far (coloured boxes) ...

1	2	3	4	5	6	7	8	9	10	11	12
2	4	6	8	10	12	14	16	18	20	22	24
3	6	9	12	15	18	21	24	27	30	33	36
4	8	12	16	20	24	28	32	36	40	44	48
5	10	15	20	25	30	35	40	45	50	55	60
6	12	18	24	30	36	42	48	54	60	66	72
7	14	21	28	35	42	49	56	63	70	77	84
8	16	24	32	40	48	56	64	72	80	88	96
9	18	27	36	45	54	63	72	81	90	99	108
10	20	30	40	50	60	70	80	90	100	110	120
11	22	33	44	55	66	77	88	99	110	121	132
12	24	36	48	60	72	84	96	108	120	132	144

STAIL SIFIR 2 / TIMES 2 STYLE

(Stail senyap & sebut ATAU tangan kanan: + 2 jari / Silent & chant style OR right hand: + 2 fingers)

a)   Stail senyap & sebut / Silent & chant style:

1	Senyap / Silent
2	Sebut / Chant
3	Senyap / Silent
4	Sebut / Chant
5	Senyap / Silent
6	Sebut / Chant
7	Senyap / Silent
8	Sebut / Chant
9	Senyap / Silent
10	Sebut / Chant
11	Senyap / Silent
12	Sebut / Chant

b) **Tangan kanan: + 2 jari/right hand: + 2 fingers:**

(gunakan tangan kanan dan kiri /use right and left
hands)

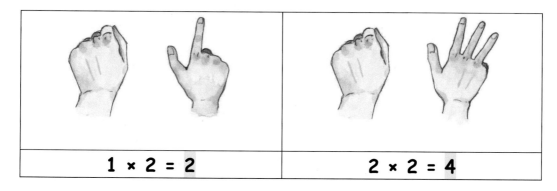

| 1 × 2 = 2 | 2 × 2 = 4 |

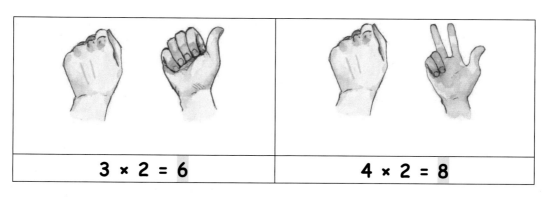

| 3 × 2 = 6 | 4 × 2 = 8 |

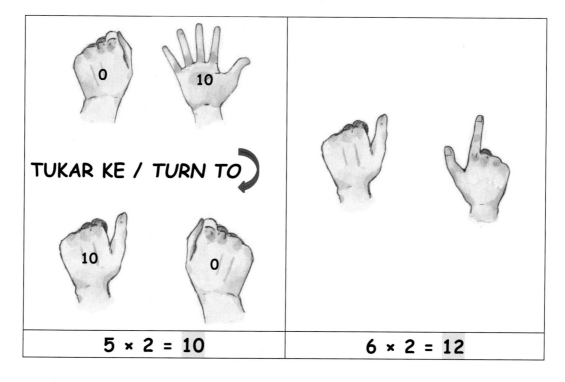

TUKAR KE / TURN TO

| 5 × 2 = 10 | 6 × 2 = 12 |

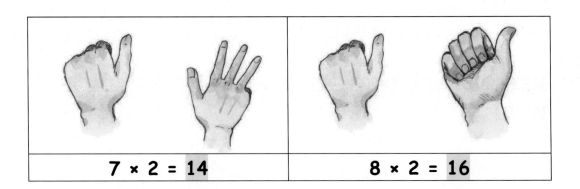

| 7 × 2 = 14 | 8 × 2 = 16 |

TUKAR KE / TURN TO

10 10

20 0

| 9 × 2 = 18 | 10 × 2 = 20 |

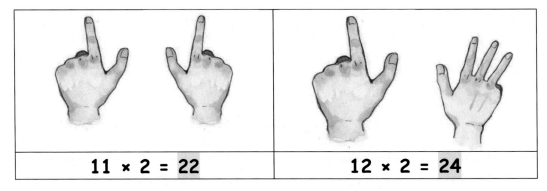

| 11 × 2 = 22 | 12 × 2 = 24 |

Ini adalah Sifir 2 mengikut kod warna.

This is the Times 2 according to the colour coding.

0	1	×	0	2	=	0	0		2
0	2	×	0	2	=	0	0		4
0	3	×	0	2	=	0	0		6
0	4	×	0	2	=	0	0		8
0	5	×	0	2	=	0	1	0
0	6	×	0	2	=	0	1	2
0	7	×	0	2	=	0	1	4
0	8	×	0	2	=	0	1	6
0	9	×	0	2	=	0	1	8
1	0	×	0	2	=	0	2	0
1	1	×	0	2	=	0	2	2
1	2	×	0	2	=	0	2	4

Sekarang, kita sudah menghafal setakat ini (kotak berwarna) ...

Now, we have memorized these so far (coloured boxes) ...

1	2	3	4	5	6	7	8	9	10	11	12
2	4	6	8	10	12	14	16	18	20	22	24
3	6	9	12	15	18	21	24	27	30	33	36
4	8	12	16	20	24	28	32	36	40	44	48
5	10	15	20	25	30	35	40	45	50	55	60
6	12	18	24	30	36	42	48	54	60	66	72
7	14	21	28	35	42	49	56	63	70	77	84
8	16	24	32	40	48	56	64	72	80	88	96
9	18	27	36	45	54	63	72	81	90	99	108
10	20	30	40	50	60	70	80	90	100	110	120
11	22	33	44	55	66	77	88	99	110	121	132
12	24	36	48	60	72	84	96	108	120	132	144

✔ DONE 👍

UNIT 8

STAIL SIFIR 12 / TIMES 12 STYLE

(gunakan tangan kanan dan kiri /use right and left hands)

(tangan kiri: + 1 jari, tangan kanan: + 2 jari / left hand: + 1 finger, right hand: + 2 fingers)

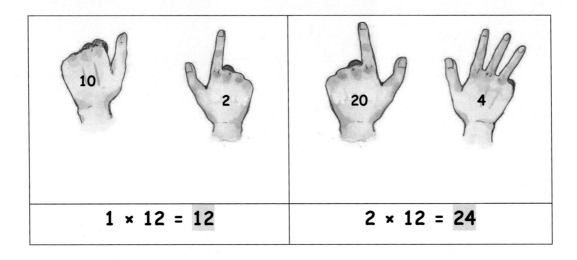

1 × 12 = 12	2 × 12 = 24

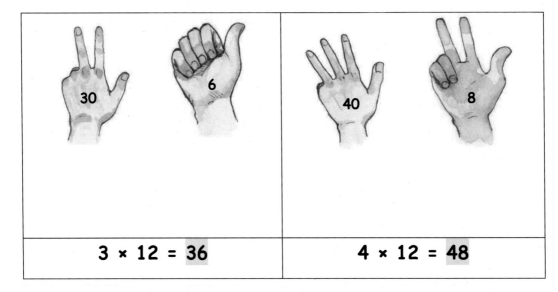

3 × 12 = 36	4 × 12 = 48

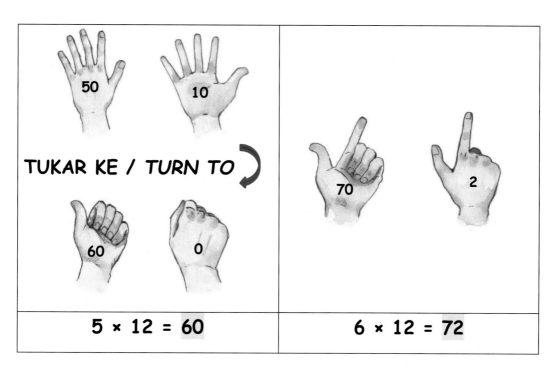

TUKAR KE / TURN TO

5 × 12 = **60**

6 × 12 = **72**

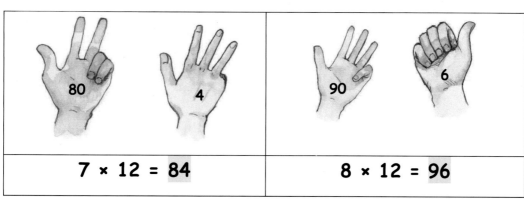

7 × 12 = **84**

8 × 12 = **96**

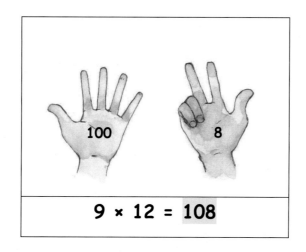

9 × 12 = **108**

Selepas kiraan 110, anda perlu menggunakan satu tangan kiri dan dua tangan kanan:

After any count more than 110, you ought to use one time of left hand and two times of right hand:

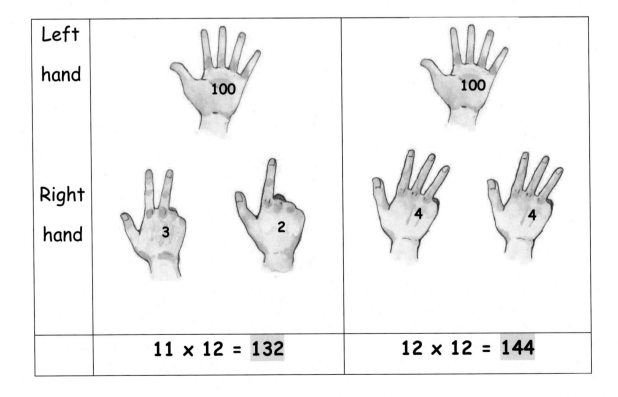

Ini adalah Sifir 12 mengikut kod warna.

This is the Times 12 according to the colour coding.

0	1	×	1	2	=	0	1	2
0	2	×	1	2	=	0	2	4
0	3	×	1	2	=	0	3	6
0	4	×	1	2	=	0	4	8
0	5	×	1	2	=	0	6	0
0	6	×	1	2	=	0	7	2
0	7	×	1	2	=	0	8	4
0	8	×	1	2	=	0	9	6
0	9	×	1	2	=	1	0	8
1	0	×	1	2	=	1	2	0
1	1	×	1	2	=	1	3	2
1	2	×	1	2	=	1	4	4

Sekarang, kita sudah menghafal setakat ini (kotak berwarna) …

Now, we have memorized these so far (coloured boxes) …

1	2	3	4	5	6	7	8	9	10	11	12
2	4	6	8	10	12	14	16	18	20	22	24
3	6	9	12	15	18	21	24	27	30	33	36
4	8	12	16	20	24	28	32	36	40	44	48
5	10	15	20	25	30	35	40	45	50	55	60
6	12	18	24	30	36	42	48	54	60	66	72
7	14	21	28	35	42	49	56	63	70	77	84
8	16	24	32	40	48	56	64	72	80	88	96
9	18	27	36	45	54	63	72	81	90	99	108
10	20	30	40	50	60	70	80	90	100	110	120
11	22	33	44	55	66	77	88	99	110	121	132
12	24	36	48	60	72	84	96	108	120	132	144

✓ DONE 👍

UNIT 9

STAIL SIFIR 9 / TIMES 9 STYLE

(gunakan tangan kanan sahaja /use right hand only)

(- 1 jari / - 1 finger)

Apabila bilangan jari berkurangan, tambahkan satu nilai puluh / When the number of fingers is decreasing, add one tens.

Apabila bilangan jari bertambah, tetap pada nilai puluh yang sama / When the number of fingers is increasing, stick to the same tens.

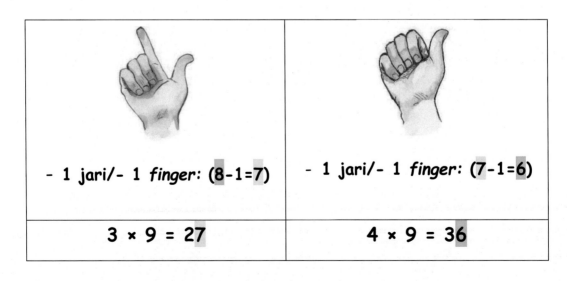

	- 1 jari/- 1 *finger*: (9-1=8)
1 × 9 = 9	2 × 9 = 18

- 1 jari/- 1 *finger*: (8-1=7)	- 1 jari/- 1 *finger*: (7-1=6)
3 × 9 = 27	4 × 9 = 36

- 1 jari/- 1 *finger*: (6-1=5)	- 1 jari/- 1 *finger*: (5-1=4)
5 × 9 = 45	**6 × 9 = 54**

- 1 jari/- 1 *finger*: (4-1=3)	- 1 jari/- 1 *finger*: (3-1=2)
7 × 9 = 63	**8 × 9 = 72**

- 1 jari/- 1 *finger*: (2-1=1)	- 1 jari/- 1 *finger*: (1-1=0), tukar ke/*turn to* 10)
9 × 9 = 81	**10 × 9 = 90**

- 1 jari/- 1 *finger*: (10-1=9)	- 1 jari/- 1 *finger*: (9-1=8)
11 × 9 = 99	**12 × 9 = 108**

Ini adalah Sifir 9 mengikut kod warna.

This is the Times 9 according to the colour coding.

0	1	×	0	9	=	0	0	9
0	2	×	0	9	=	0	1	8
0	3	×	0	9	=	0	2	7
0	4	×	0	9	=	0	3	6
0	5	×	0	9	=	0	4	5
0	6	×	0	9	=	0	5	4
0	7	×	0	9	=	0	6	3
0	8	×	0	9	=	0	7	2
0	9	×	0	9	=	0	8	1
1	0	×	0	9	=	0	9	0
1	1	×	0	9	=	0	9	9
1	2	×	0	9	=	1	0	8

Sekarang, kita sudah menghafal setakat ini (petak berwarna) …

Now, we have memorized these so far (coloured boxes) …

1	2	3	4	5	6	7	8	9	10	11	12
2	4	6	8	10	12	14	16	18	20	22	24
3	6	9	12	15	18	21	24	27	30	33	36
4	8	12	16	20	24	28	32	36	40	44	48
5	10	15	20	25	30	35	40	45	50	55	60
6	12	18	24	30	36	42	48	54	60	66	72
7	14	21	28	35	42	49	56	63	70	77	84
8	16	24	32	40	48	56	64	72	80	88	96
9	18	27	36	45	54	63	72	81	90	99	108
10	20	30	40	50	60	70	80	90	100	110	120
11	22	33	44	55	66	77	88	99	110	121	132
12	24	36	48	60	72	84	96	108	120	132	144

✓ DONE 👍

UNIT 10

STAIL SIFIR 8 / TIMES 8 STYLE

(gunakan tangan kanan sahaja / use right hand only)

(- 2 jari/- 2 fingers)

Apabila bilangan jari berkurangan, tambahkan satu nilai puluh / *When the number of fingers is decreasing, add one tens.*

Apabila bilangan jari bertambah, tetap pada nilai puluh yang sama / *When the number of fingers is increasing, stick to the same tens.*

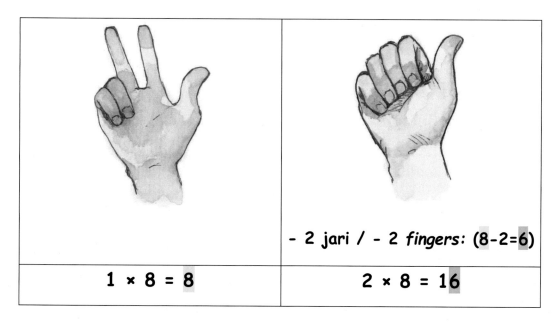

	- 2 jari / - 2 fingers: (8-2=6)
1 × 8 = 8	**2 × 8 = 16**

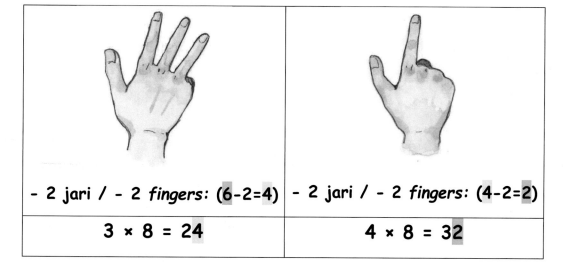

- 2 jari / - 2 fingers: (6-2=4)	- 2 jari / - 2 fingers: (4-2=2)
3 × 8 = 24	**4 × 8 = 32**

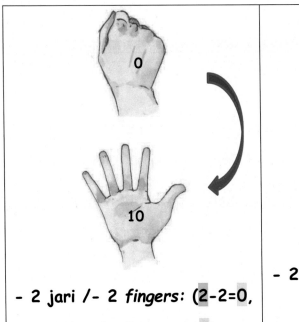

- 2 jari /- 2 fingers: (2-2=0,

tukar ke/turn to 10)

5 × 8 = 40

- 2 jari/- 2 fingers: (10-2=8)

6 × 8 = 48

- 2 jari / - 2 fingers: (8-2=6)

7 × 8 = 56

- 2 jari / - 2 fingers: (6-2=4)

8 × 8 = 64

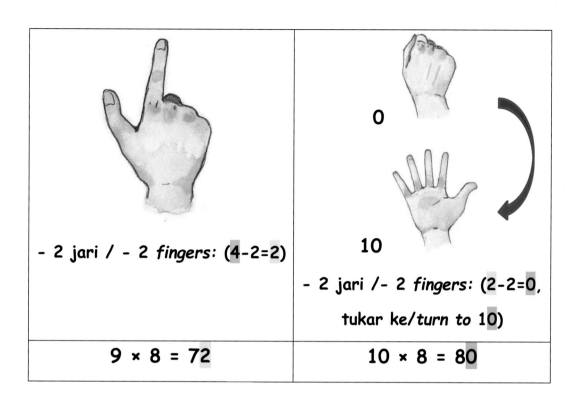

- 2 jari / - 2 fingers: (4-2=2)

0

10

- 2 jari /- 2 fingers: (2-2=0, tukar ke/turn to 10)

| 9 × 8 = 72 | 10 × 8 = 80 |

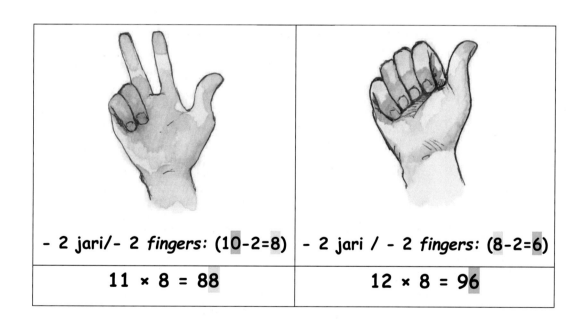

- 2 jari/- 2 fingers: (10-2=8)

- 2 jari / - 2 fingers: (8-2=6)

| 11 × 8 = 88 | 12 × 8 = 96 |

Ini adalah Sifir 8 mengikut kod warna.

This is the Times 8 according to the colour coding.

0	1	×	0	8	=	0	0	8
0	2	×	0	8	=	0	1	6
0	3	×	0	8	=	0	2	4
0	4	×	0	8	=	0	3	2
0	5	×	0	8	=	0	4	0
0	6	×	0	8	=	0	4	8
0	7	×	0	8	=	0	5	6
0	8	×	0	8	=	0	6	4
0	9	×	0	8	=	0	7	2
1	0	×	0	8	=	0	8	0
1	1	×	0	8	=	0	8	8
1	2	×	0	8	=	0	9	6

Sekarang, kita sudah menghafal setakat ini...

Now, we have memorized these so far...

1	2	3	4	5	6	7	8	9	10	11	12
2	4	6	8	10	12	14	16	18	20	22	24
3	6	9	12	15	18	21	24	27	30	33	36
4	8	12	16	20	24	28	32	36	40	44	48
5	10	15	20	25	30	35	40	45	50	55	60
6	12	18	24	30	36	42	48	54	60	66	72
7	14	21	28	35	42	49	56	63	70	77	84
8	16	24	32	40	48	56	64	72	80	88	96
9	18	27	36	45	54	63	72	81	90	99	108
10	20	30	40	50	60	70	80	90	100	110	120
11	22	33	44	55	66	77	88	99	110	121	132
12	24	36	48	60	72	84	96	108	120	132	144

✔ DONE 👍

STAIL SIFIR 6 / TIMES 6 STYLE

(gunakan tangan kanan sahaja / use right hand only)

(+ 1 jari & terbalikkan tangan/ + 1 finger & turn hand)

Scan me

Apabila bilangan jari berkurangan, tambahkan satu nilai puluh / *When the number of fingers is decreasing, add one tens.*

Apabila bilangan jari bertambah, tetap pada nilai puluh yang sama / *When the number of fingers is increasing, stick to the same tens.*

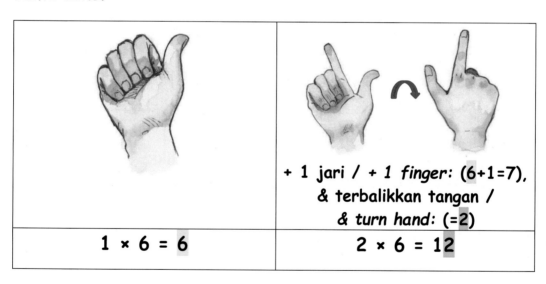

	+ 1 jari / + 1 finger: (6+1=7), & terbalikkan tangan / & turn hand: (=2)
1 × 6 = 6	**2 × 6 = 12**

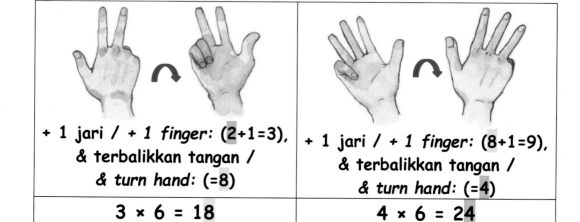

+ 1 jari / + 1 finger: (2+1=3), & terbalikkan tangan / & turn hand: (=8)	+ 1 jari / + 1 finger: (8+1=9), & terbalikkan tangan / & turn hand: (=4)
3 × 6 = 18	**4 × 6 = 24**

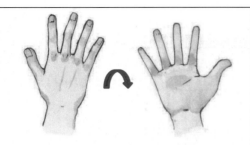

+ 1 jari / + 1 finger: (4+1=5),
& terbalikkan tangan /
& turn hand:
(=10, ambil/take 0)

5 × 6 = 30

+ 1 jari/+ 1 finger: (0+1=1),
& terbalikkan tangan /
& turn hand: (=6)

6 × 6 = 36

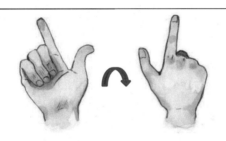

+ 1 jari / + 1 finger: (6+1=7),
& terbalikkan tangan /
& turn hand: (=2)

7 × 6 = 42

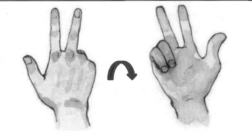

+ 1 jari / + 1 finger: (2+1=3),
& terbalikkan tangan /
& turn hand: (=8)

8 × 6 = 48

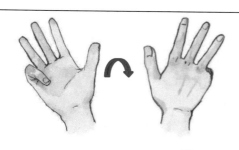

+ 1 jari / + 1 finger: (8+1=9),
& terbalikkan tangan /
& turn hand: (=4)

9 × 6 = 54

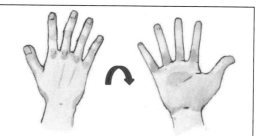

+ 1 jari / + 1 finger: (4+1=5),
& terbalikkan tangan /
& turn hand:
(=10, ambil/take 0)

10 × 6 = 60

+ 1 jari / + 1 finger: (0+1=1),
& terbalikkan tangan /
& turn hand: (=6)

11 × 6 = 66

+ 1 jari / + 1 finger: (6+1=7),
& terbalikkan tangan /
& turn hand: (=2)

12 × 6 = 72

Ini adalah Sifir 6 mengikut kod warna.

This is the Times 6 according to the colour coding.

0	1	×	0	6	=	0	0	6
0	2	×	0	6	=	0	1	2
0	3	×	0	6	=	0	1	8
0	4	×	0	6	=	0	2	4
0	5	×	0	6	=	0	3	0
0	6	×	0	6	=	0	3	6
0	7	×	0	6	=	0	4	2
0	8	×	0	6	=	0	4	8
0	9	×	0	6	=	0	5	4
1	0	×	0	6	=	0	6	0
1	1	×	0	6	=	0	6	6
1	2	×	0	6	=	0	7	2

Sekarang, kita sudah menghafal setakat ini...

Now, we have memorized these so far...

1	2	3	4	5	6	7	8	9	10	11	12
2	4	6	8	10	12	14	16	18	20	22	24
3	6	9	12	15	18	21	24	27	30	33	36
4	8	12	16	20	24	28	32	36	40	44	48
5	10	15	20	25	30	35	40	45	50	55	60
6	12	18	24	30	36	42	48	54	60	66	72
7	14	21	28	35	42	49	56	63	70	77	84
8	16	24	32	40	48	56	64	72	80	88	96
9	18	27	36	45	54	63	72	81	90	99	108
10	20	30	40	50	60	70	80	90	100	110	120
11	22	33	44	55	66	77	88	99	110	121	132
12	24	36	48	60	72	84	96	108	120	132	144

✓ DONE 👍

STAIL SIFIR 7 / TIMES 7 STYLE

(gunakan tangan kanan sahaja / use right hand only)

(+ 2 jari & terbalikkan tangan/+ 2 fingers & turn hand)

Apabila bilangan jari berkurangan, tambahkan satu nilai puluh / When the number of fingers is decreasing, add one tens.

Apabila bilangan jari bertambah, tetap pada nilai puluh yang sama / When the number of fingers is increasing, stick to the same tens.

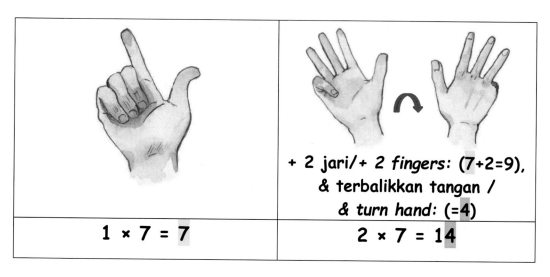

+ 2 jari/+ 2 fingers: (7+2=9), & terbalikkan tangan / & turn hand: (=4)

| 1 × 7 = 7 | 2 × 7 = 14 |

+ 2 jari/+ 2 fingers: (4+2=6), & terbalikkan tangan / & turn hand: (=1)

+ 2 jari/+ 2 fingers: (1+2=3), & terbalikkan tangan / & turn hand: (=8)

| 3 × 7 = 21 | 4 × 7 = 28 |

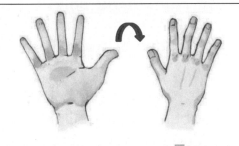

+ 2 jari/+ 2 fingers:(8+2=10),
& terbalikkan tangan /
& turn hand: (=5)

5 × 7 = 35

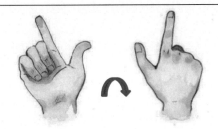

+ 2 jari/+ 2 fingers: (5+2=7),
& terbalikkan tangan /
& turn hand: (=2)

6 × 7 = 42

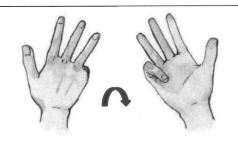

+ 2 jari/+ 2 fingers: (2+2=4),
& terbalikkan tangan /
& turn hand: (=9)

7 × 7 = 49

+ 2 jari/+ 2 fingers:(9+2=11),
ambil/take 1),
& terbalikkan tangan /
& turn hand: (=6)

8 × 7 = 56

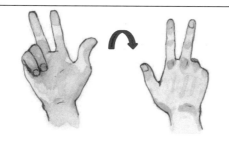 + 2 jari/+ 2 fingers: (6+2=8), & terbalikkan tangan / & turn hand: (=3)	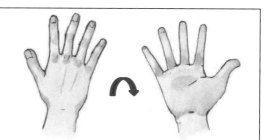 + 2 jari/+ 2 fingers: (3+2=5), & terbalikkan tangan / &turn hand:(=10, ambil/take 0)
9 × 7 = 63	**10 × 7 = 70**
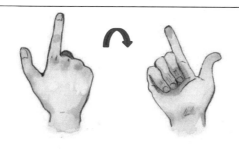 + 2 jari/+ 2 fingers: (0+2=2), & terbalikkan tangan / & turn hand: (=7)	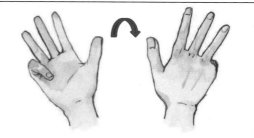 + 2 jari/+ 2 fingers: (7+2=9), & terbalikkan tangan / & turn hand: (=4)
11 × 7 = 77	**12 × 7 = 84**

Ini adalah Sifir 7 mengikut kod warna.

This is the Times 7 according to the colour coding.

0	1	×	0	7	=	0	0	7
0	2	×	0	7	=	0	1	4
0	3	×	0	7	=	0	2	1
0	4	×	0	7	=	0	2	8
0	5	×	0	7	=	0	3	5
0	6	×	0	7	=	0	4	2
0	7	×	0	7	=	0	4	9
0	8	×	0	7	=	0	5	6
0	9	×	0	7	=	0	6	3
1	0	×	0	7	=	0	7	0
1	1	×	0	7	=	0	7	7
1	2	×	0	7	=	0	8	4

Sekarang, kita sudah menghafal setakat ini...

Now, we have memorized these so far...

1	2	3	4	5	6	7	8	9	10	11	12
2	4	6	8	10	12	14	16	18	20	22	24
3	6	9	12	15	18	21	24	27	30	33	36
4	8	12	16	20	24	28	32	36	40	44	48
5	10	15	20	25	30	35	40	45	50	55	60
6	12	18	24	30	36	42	48	54	60	66	72
7	14	21	28	35	42	49	56	63	70	77	84
8	16	24	32	40	48	56	64	72	80	88	96
9	18	27	36	45	54	63	72	81	90	99	108
10	20	30	40	50	60	70	80	90	100	110	120
11	22	33	44	55	66	77	88	99	110	121	132
12	24	36	48	60	72	84	96	108	120	132	144

✓ DONE 👍

STAIL SIFIR 4 / TIMES 4 STYLE

(gunakan tangan kanan sahaja / use right hand only)

(– 1 jari & terbalikkan tangan/ – 1 finger & turn hand)

Apabila bilangan jari berkurangan, tambahkan satu nilai puluh / When the number of fingers is decreasing, add one tens.

Apabila bilangan jari bertambah, tetap pada nilai puluh yang sama / When the number of fingers is increasing, stick to the same tens.

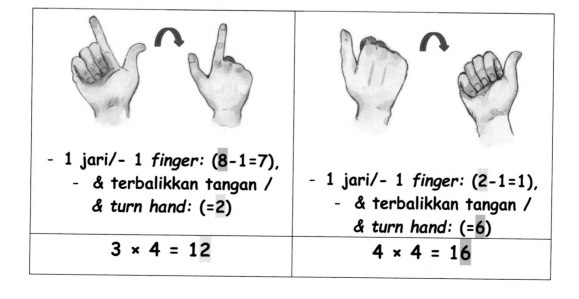

	– 1 jari/– 1 *finger*: (4–1=3), – & terbalikkan tangan / & *turn hand*: (=8)
1 × 4 = 4	**2 × 4 = 8**
– 1 jari/– 1 *finger*: (8–1=7), – & terbalikkan tangan / & *turn hand*: (=2)	– 1 jari/– 1 *finger*: (2–1=1), – & terbalikkan tangan / & *turn hand*: (=6)
3 × 4 = 12	**4 × 4 = 16**

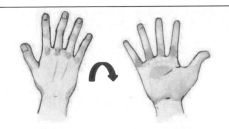

- 1 jari/- 1 *finger*: (6-1=5),
- & terbalikkan tangan /
  & turn hand: (=10)

5 × 4 = 20 |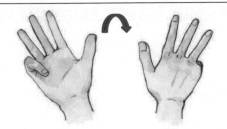

- 1 jari/- 1 *finger*: (10-1=9),
- & terbalikkan tangan /
  & turn hand: (=4)

6 × 4 = 24 |
|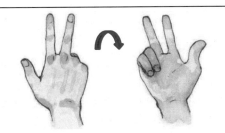

- 1 jari/- 1 *finger*: (4-1=3),
- & terbalikkan tangan /
  & turn hand: (=8)

7 × 4 = 28 |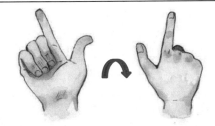

- 1 jari/- 1 *finger*: (8-1=7),
- & terbalikkan tangan /
  & turn hand: (=2)

8 × 4 = 32 |

- 1 jari/- 1 *finger*: (2-1=1),
- & terbalikkan tangan /
  & *turn hand*: (=6)

$9 \times 4 = 36$

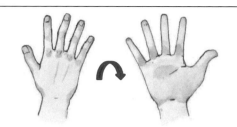

- 1 jari/- 1 *finger*: (6-1=5),
- & terbalikkan tangan /
  & *turn hand*: (=10)

$10 \times 4 = 40$

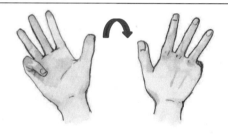

- 1 jari/- 1 *finger*: (10-1=9),
- & terbalikkan tangan /
  & *turn hand*: (=4)

$11 \times 4 = 44$

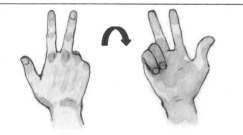

- 1 jari/- 1 *finger*: (4-1=3),
- & terbalikkan tangan /
  & *turn hand*: (=8)

$12 \times 4 = 48$

Ini adalah Sifir 4 mengikut kod warna.

This is the Times 4 according to the colour coding.

0	1	×	0	4	=	0	0	4
0	2	×	0	4	=	0	0	8
0	3	×	0	4	=	0	1	2
0	4	×	0	4	=	0	1	6
0	5	×	0	4	=	0	2	0
0	6	×	0	4	=	0	2	4
0	7	×	0	4	=	0	2	8
0	8	×	0	4	=	0	3	2
0	9	×	0	4	=	0	3	6
1	0	×	0	4	=	0	4	0
1	1	×	0	4	=	0	4	4
1	2	×	0	4	=	0	4	8

Sekarang, kita sudah menghafal setakat ini...

Now, we have memorized these so far...

1	2	3	4	5	6	7	8	9	10	11	12
2	4	6	8	10	12	14	16	18	20	22	24
3	6	9	12	15	18	21	24	27	30	33	36
4	8	12	16	20	24	28	32	36	40	44	48
5	10	15	20	25	30	35	40	45	50	55	60
6	12	18	24	30	36	42	48	54	60	66	72
7	14	21	28	35	42	49	56	63	70	77	84
8	16	24	32	40	48	56	64	72	80	88	96
9	18	27	36	45	54	63	72	81	90	99	108
10	20	30	40	50	60	70	80	90	100	110	120
11	22	33	44	55	66	77	88	99	110	121	132
12	24	36	48	60	72	84	96	108	120	132	144

✔ DONE 👍

STAIL SIFIR 3 / TIMES 3 STYLE

(gunakan tangan kanan sahaja / use right hand only)

(- 2 jari & terbalikkan tangan/- 2 fingers & turn hand)

Apabila bilangan jari berkurangan, tambahkan satu nilai puluh / *When the number of fingers is decreasing, add one tens.*

Apabila bilangan jari bertambah, tetap pada nilai puluh yang sama / *When the number of fingers is increasing, stick to the same tens.*

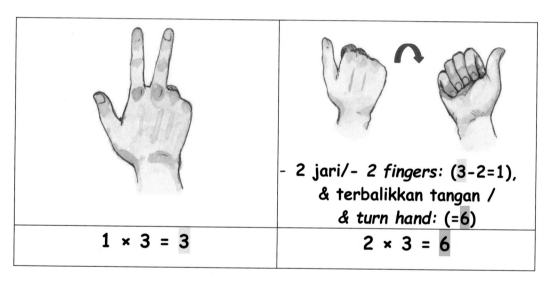

	- 2 jari/- 2 fingers: (3-2=1), & terbalikkan tangan / & turn hand: (=6)
1 × 3 = 3	2 × 3 = 6

- 2 jari/- 2 fingers: (6-2=4), & terbalikkan tangan / & turn hand: (=9)	- 2 jari/- 2 fingers: (9-2=7), & terbalikkan tangan / & turn hand: (=2)
3 × 3 = 9	4 × 3 = 12

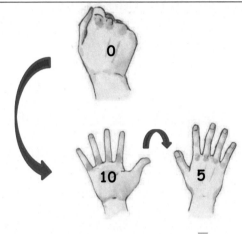

- *2 jari/- 2 fingers: (2-2=0, tukar ke/turn to 10), & terbalikkan tangan / & turn hand: (=5)*

5 × 3 = 15

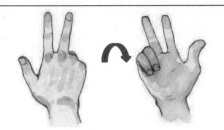

- *2 jari/- 2 fingers: (5-2=3), & terbalikkan tangan / & turn hand: (=8)*

6 × 3 = 18

- *2 jari/- 2 fingers: (8-2=6), & terbalikkan tangan / & turn hand: (=1)*

7 × 3 = 21

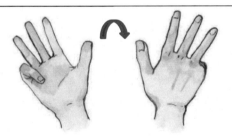

- *2 jari/- 2 fingers: (11-2=9), & terbalikkan tangan / & turn hand: (=4)*

8 × 3 = 24

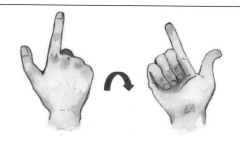

- 2 jari/- 2 fingers: (4-2=2),
& terbalikkan tangan /
& turn hand: (=7)

$$9 \times 3 = 27$$

- 2 jari/- 2 fingers: (7-2=5),
& terbalikkan tangan /
& turn hand: (=10)

$$10 \times 3 = 30$$

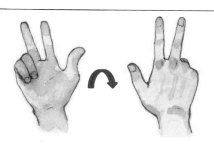

- 2 jari/- 2 fingers:
(10-2=8),
& terbalikkan tangan /
& turn hand: (=3)

$$11 \times 3 = 33$$

- 2 jari/- 2 fingers: (3-2=1),
& terbalikkan tangan /
& turn hand: (=6)

$$12 \times 3 = 36$$

Ini adalah Sifir 3 mengikut kod warna.

This is the Times 3 according to the colour coding.

0	1	×	0	3	=	0	0	3
0	2	×	0	3	=	0	0	6
0	3	×	0	3	=	0	0	9
0	4	×	0	3	=	0	1	2
0	5	×	0	3	=	0	1	5
0	6	×	0	3	=	0	1	8
0	7	×	0	3	=	0	2	1
0	8	×	0	3	=	0	2	4
0	9	×	0	3	=	0	2	7
1	0	×	0	3	=	0	3	0
1	1	×	0	3	=	0	3	3
1	2	×	0	3	=	0	3	6

Sekarang, kita sudah menghafal setakat ini…

Now, we have memorized these so far…

1	2	3	4	5	6	7	8	9	10	11	12
2	4	6	8	10	12	14	16	18	20	22	24
3	6	9	12	15	18	21	24	27	30	33	36
4	8	12	16	20	24	28	32	36	40	44	48
5	10	15	20	25	30	35	40	45	50	55	60
6	12	18	24	30	36	42	48	54	60	66	72
7	14	21	28	35	42	49	56	63	70	77	84
8	16	24	32	40	48	56	64	72	80	88	96
9	18	27	36	45	54	63	72	81	90	99	108
10	20	30	40	50	60	70	80	90	100	110	120
11	22	33	44	55	66	77	88	99	110	121	132
12	24	36	48	60	72	84	96	108	120	132	144

✓ DONE 👍

PENUTUP / CLOSING

Sekarang, anda telah berjaya menghafal kesemua 12 Jadual Sifir... **Tahniah** diucapkan! Semoga anda dapat menggunakan sifir-sifir 1 hingga 12 ini untuk menjawab soalan matematik darab dan bahagi kemudian nanti.

Now, you have successfully memorized the 12 Times Tables... *Congratulations*! You may use the 1 to 12 times to answer the multiplication and division maths questions in future.

Terima kasih di atas perhatian
yang diberikan

Thank you very much for your
kind attention

Printed in the United States
By Bookmasters

Siri Matematik BurujKids/ BurujKids Maths Series

Buku Hafalan Sifir Mudah ini mengandungi teknik unik menghafal sifir menggunakan jari dan jadual sifir dengan kod warna. Pelajar boleh memilih untuk menggunakan salah satu kaedah yang lebih mudah bagi mereka menghafal sifir. Setiap hafalan menggunakan jari hanya mengambil masa lebih kurang 5 minit untuk setiap satu sifir dan anggaran masa untuk menghafal kesemua 12 sifir adalah kurang dari masa sehari!

The Simple Times Table Multiplication book contains a unique memorization technique using fingers and times tables with color coding. Students can choose to use either one of the easier methods for them to memorize the times tables. Every memorization of times tables using fingers takes about five minutes for each one and estimated time to memorize all tables takes less than one day!

ISBN 978-1-5437-5079-9

90000

9 781543 750799

PARTRIDGE

A Guide to Medical Teaching and Learning
Training of the Trainers (TOT)

In the View of the Learner-Centered Learning Model

Dr. Abdullah Dukhail Al-Khatami